LE CAFÉ
DU BRÉSIL

LA

QUESTION DU CAFÉ

LE CAFÉ DU BRÉSIL

AU PALAIS DE L'INDUSTRIE

(CONCOURS AGRICOLE, JANVIER 1883)

PAR L'AUTEUR DU LIVRE

LE PAYS DU CAFÉ

PRIX : UN FRANC

PARIS

LIBRAIRIE GUILLAUMIN ET Cie, ÉDITEURS

14, RUE RICHELIEU, 14

1883

AU LECTEUR

*Au moment où M. le Consul général de l'Empire du Brésil
en France va organiser une exposition de Cafés brésiliens,
qui sera inaugurée le 27 courant au palais de l'Industrie,
à Paris, nous croyons utile de traiter sommairement la question des cafés, et tout spécialement la question des cafés brésiliens en France.*

*Nous avons étudié tour à tour la question générale, la ques-
tion économique et les moyens de propagande par les expositions, soit nationales, soit internationales.*

*Improvisées en quelques jours, ces pages ne sont guère
qu'un aperçu rapide sur ce sujet d'actualité, et notre but
principal a été d'aider aux efforts patriotiques du Centro da
Lavoura e Commercio, de Rio-de-Janeiro.*

*Tout modeste qu'il est, ce travail contient, cependant, de
nombreux renseignements, qu'on rencontre rarement réunis,
et c'est là peut-être son seul mérite.*

F.-J. DE S.-A.-N.

Paris, le 25 janvier 1883.

I

NOTIONS GÉNÉRALES

Le café. — Son histoire. — Comment on le cultive. — Analyse de ses propriétés. — Le café au point dé vue de l'hygiène.

Le caféier est originaire de l'Éthiopie, de l'Yémen, de l'Arabie. C'est un arbuste de la famille des *Rubiacées*, qui ne se plaît que sur des terrains en pente, et qui exige un climat dont la température se tienne entre 10° et 30° centigrades.

L'usage du café a été introduit en Europe par les Turcs. En 1517, Sélim l'importa à Constantinople, où les premiers établissements qui le débitèrent s'ouvrirent en 1554. De là, il passe, en 1615, à Venise ; en 1645, il pénètre dans une grande partie de l'Italie, et dès 1644 il était connu à Marseille. En 1653, un Arménien, nommé Pascal, qui accompagnait l'ambassadeur turc auprès de Louis XIV, essaya de répandre à Paris l'usage de cette boisson. Il échoua. Ce ne fut qu'en 1670 que des établissements de café commencèrent à prospérer à Paris.

Au point de vue de la *plantation* et de la *culture*, les Hollandais furent les véritables propagateurs du café, comme les Turcs en avaient été les vulgarisateurs au point de vue de la consommation. Ce sont les Hollandais qui le transportèrent dans leurs colonies de l'Archipel indien. De Java, l'arbuste voyageur est venu se fixer en Europe, dans une serre chaude du jardin botanique d'Amsterdam. Deux ans après, en 1712, les Hollandais apportèrent en grande pompe au roi Louis XIV un pied de ce caféier. Ce rejeton unique, comme le Dauphin de France, fut déposé au Jardin des Plantes de Paris avec tous les honneurs dus à un plant si rare. Il crût et multiplia, de sorte que, dès 1720, on put disposer pour l'émigration de trois jeunes pousses, qui furent confiées aux bons soins du capitaine Declieux. On connaît l'odyssée de ces jeunes pousses. En route, deux plants moururent. Il en restait un seul, qu'on s'efforça de sauver par tous les moyens. La traversée fut rude. L'eau douce vint à manquer. Le capitaine partagea sa ration d'eau avec le précieux plant, et continua ainsi à l'arroser jusqu'à la Martinique, où il le débarqua en excellente santé. Et c'est ainsi que le café se répandit dans le nouveau-monde.

En 1773, un moine franciscain fut plus heureux à Rio-de-Janeiro (Brésil), d'où le caféier s'est étendu bien vite aux provinces voisines de Sâo-Paulo, Minas-Geraes, Espirito-Santo etc.

Ces différences de milieu où croît le caféier, — Arabie, Èthiopie, Yémen, Inde, Archipel indien, Madagascar, Réunion, Sénégambie, Antilles, Amérique du Sud et Amérique centrale —, expliquent assez les différentes propriétés alimentaires et médicinales du café.

Il existe donc plusieurs espèces de caféiers :

Le coffea arabica.
{
Caféier moka ou franc.
Caféier myrte.
Caféier Aden.
Caféier bâtard.
}

Le coffea Mauritiana. — Café marron de la Réunion.

Le coffea Monrovia. — Café du Gabon.

Le coffea laurina.

Le coffea *amarello*. — Caféier sauvage, aux cerises jaunes ou *amarellas*, le plus riche de tous en caféine, et qui se trouve dans les forêts de Botucatu, dans la province de Sâo-Paulo, au Brésil : il a été cultivé avec succès par plusieurs planteurs de cette région, et en particulier par M. Guimarâes. (1)

Le coffea *vermelho* ou rouge. — Caféier ordinaire du Brésil.

Au point de vue commercial, on ne divise généralement le café qu'en *quatre* classes principales. C'est à tort, selon nous, que l'on distingue seulement quatre catégories de café, alors qu'il en existe une quantité considérable. Ces quatre classes sont :

1º Le *Moka* d'Arabie, la qualité la plus estimée, mais qui vient de divers pays, et non pas d'Arabie seulement comme on pourrait le croire. Le grain en est jaunâtre, très petit et presque rond. Son arome très prononcé diffère un peu de celui des cafés d'autres provenances ;

2º Le Bourbon, cultivé à l'île de ce nom, est plus gros et moins arrondi que le moka ;

3º Le Martinique, d'une couleur verte, est en grains volumineux allongés et recouverts d'une pellicule argentée ;

(1) Ces lignes venaient d'être écrites, quand nous avons reçu le *Jornal do Commercio*, de Rio-de-Janeiro, portant la date du 20 décembre 1882. Nous y lisons les lignes suivantes, empruntées à un journal de Sâo-Paulo : « La maison Lara Campos et Cⁱᵉ, de Boituva, nous a envoyé par M. Augusto Manoel un échantillon de café récolté dans le village de Baguary. Le grain est beau, gros, clair et parfumé. Les terres du Baguary sont en partie rougeâtres, sablonneuses partout, et les forêts richement boisées. Les plants de café sont d'une taille étonnante, et la production n'est pas inférieure à celle que l'on a remarquée à Botucatu et dans d'autres sites. On raconte que 950 caféiers inégaux ont produit 200 arrobes (2,938 kilogrammes). »

4° Le Haïti, d'un vert très pâle, a le grain fort peu régulier et rarement pelliculé.

Le Brésil est le pays où la culture du café a pris le plus d'extension ; c'est là qu'il semble le mieux prospérer, et c'est là aussi que l'on rencontre les plus riches plantations. La Colombie, le Guatémala, le Vénézuéla, le Nicaragua, San-Salvador, Costa-Rica, le Mexique fournissent aussi un certain contingent ; mais la production de tous ces pays réunis n'arrive pas à la moitié des cafés fournis par le Brésil.

Les quatre divisions ci-dessus indiquées restent un peu dans la vieille routine. Une subdivision plus pratique admet dix ou douze catégories de nombreuses variétés, qui diffèrent entre elles par des prix aussi variables que leur qualité, leur arome et leur provenance.

Cette distinction est très essentielle, et nous allons voir la nomenclature exacte des différentes sortes de cafés livrés à la consommation par le commerce :

AMÉRIQUE

	Rio-de-Janeiro (Rio, Rio lavé, Capitania.)
	Santos (Santos, Santos lavé).
	Bahia, (Bahia, B. Caravellas, B. Moriteba, B. Valença, B. Maragogipe).
Brésil	Ceara.
	Minas-Geraes.
	Andarahy.
	Pernambuco.
	Amazone.
	Haïti ou St-Domingue (St-Marc, Môle, Gonaïves, Santo-Domingo, Port-de-Paix, Porto-Plata, Cap-Haïtien, Port-au-Prince, Jacmel, Jérémie, Aquin, Cayes).
Antilles	Jamaïque (J. plantation, J. ordinaire).
	Porto-Rico Martinique, Guadeloupe (L'Habitant, le Bonifieur).
	Cuba (Santago-de-Cuba, Havane).

Centre-Amérique	Guatémala (G. ordinaire, G. gragé).
	Nicaragua.
	Savanilla.
	Costa-Rica (C. ordinaire, C. gragé).
	Honduras.
	San-Salvador.
Venezuela	Porto-Cabello (P. Gragé).
	La Guayra.
	Maracaïbo.
Pérou	Carabaya.
	Huauaca.
Guyane	Cayenne (Côte de Remire, Montagne d'Argent, Kaw, Oyac).

AFRIQUE

Afrique occidentale	Madère.
	Cap-Vert.
	Sénégambie (Cazengo, Rio-Nunez).
	Gabon (Gabon, Benguela, Monrovia).
	San-Thomé.
	Angola.
Afrique orientale	Iles de la Réunion (Bourbon pointu, B. rond, variétés Moka, Myrte, Leroy, St-Leu, Mauritiana).
	Mayotte.
	Nossi-Bé.
	Mozambique.
	Madagascar (Tamatave).
	Zanzibar (Moka zanzibar).
	Berbera.
Arabie	Moka (Moka de Moka, Moka d'Aden).

ASIE

Inde	Bombay (Moka de Bombay).
	Mangalore.
	Mysore.
	Malabar.

Inde { Wynaad. / Tellitcherry. / Nilgherries. / Salem. / Ceylan (Ceylan natif, C. plantation).

Inde Transgangétique { Cochinchine. / Syngapour.

ARCHIPEL INDIEN

Padang.
Java (Préanger, J. Demerary, J. Menado).
Célèbes (Paré-Paré, Boenge, Macassar).
Luçon (Manille, Zamboanga).
Taïti.
Nouvelle-Calédonie (1).

Toutes ces différentes sortes de café nous arrivent sous trois formes différentes :

Le *café en cerise*, fruit sec du caféier ;

Le *café en parche*, recouvert seulement de l'endocarpe, qui, comme on le sait, est la membrane qui forme les loges des graines.

Le *café décortiqué*, c'est-à-dire celui dont on a enlevé la peau qui recouvre les grains.

Le caféier se cultive en quinconces, sur le penchant des collines un peu ombragées, où les eaux pluviales ne sont pas trop abondantes.

On procède par semis, et, au bout d'une année généralement, les jeunes plants sont assez forts pour pouvoir être replantés dans des trous régulièrement disposés, séparés les uns des autres par un intervalle de 4 mètres environ. Ce n'est guère que vers la quatrième année que le caféier entre en rapport au Brésil ; mais, dès lors, la quantité de cerises

(1) Voyez le savant ouvrage du Dr G. Pennetier sur les *Matières Premières*.

qu'il donne va toujours en augmentant. Il atteint alors de 4 à 5 mètres de hauteur, avec une circonférence de 0,50 à 0,60 centimètres. A l'âge de 8 ou 9 ans, le caféier est en plein rapport, et il donne du fruit pendant une cinquantaine d'années, si l'on a soin de l'émonder et d'enlever les branches mortes.

Au Brésil, on cherche des terrains vierges et boisés, de préférence, pour établir une plantation de café, qui est en plein rapport au bout de cinq ans. Une fois le terrain choisi dans ces conditions, on en abat les arbres et on les brûle. Puis, la plantation faite, on laisse croître naturellement les caféiers, en ayant soin de les protéger non seulement contre les herbes qui, sans cela, envahiraient rapidement la plantation, mais encore contre le soleil, pendant le jour, et contre le froid, pendant la nuit. On sait, en effet, que le caféier ne supporte pas plus une trop forte chaleur qu'un froid un peu intense. Au Brésil, il ne réussit bien, ordinairement, qu'entre les 18° et 25° parallèles.

On a calculé qu'au Brésil un hectare de terre convenablement préparé peut recevoir 918 caféiers. Ces arbustes ont deux époques principales de floraisons : au printemps et en automne. Ils sont donc presque toujours couverts de fleurs ou de fruits, et, comme ceux-ci demandent environ quatre mois pour compléter leur maturité, il arrive que la récolte se fait pour ainsi dire sans interruption.

Un hectare bien planté peut donner en moyenne, grâce à cette cueillette presque perpétuelle, 2.022 kilos dans les terrains supérieurs, 1.384 kilos dans les terrains de second ordre, et 674 kilos dans les terres de qualité inférieure. Or, un homme actif, industrieux, travaillant bien et avec intelligence peut entretenir deux hectares de caféiers en plein rapport. En mettant le kilo de café au minimum de 0,55, le bénéfice annuel sera donc de 2.224,20 dans le premier cas ;

de 1.522,40 dans le second cas, et de 741,40 dans le troisième cas. Une famille de quatre personnes travaillant elle-même sur ses terres parvient ainsi à se créer un petit revenu, supérieur à celui qu'elle pourrait espérer trouver en Europe dans les mêmes conditions.

Avant la baisse qui a atteint le marché du café pendant ces dernières années, et dont nous étudierons plus loin les causes, dans une fazenda brésilienne, le rendement moyen par travailleur, y compris femmes, enfants et vieillards, était de 1,704 francs (1).

Quant à la description physique de la tige et de la graine du caféier, nous ne pouvons mieux faire que de rééditer ici ce que nous avons dit dans notre récente publication *Le Pays du café*(2).

Rien de plus coquet, rien de plus élégant que cette aigrette merveilleuse, avec ses feuilles d'émeraude, ses fruits de rubis et ses fleurs d'opale ambrée. Les petites feuilles sont opposées l'une à l'autre : elles vont deux par deux, et chaque couple se superpose en croix à une autre couple. Tout cela offre une parfaite symétrie; on ne ferait pas mieux à la main. Entre chaque paire de feuilles, reposent, comme des œufs d'oiseau dans un nid, de petites baies en grappe, grosses comme une cerise, et rouges comme elle. Les deux grappes qui environnent la tige contiennent de 16 à 20 grains. Puis, au sommet de la branche, groupées aux aisselles des feuilles supérieures, des couronnes de feuilles d'un blanc jaunâtre, qui répandent une odeur très suave. Ces fleurs forment une étoile à cinq branches. Dans deux petites loges, séparées par une légère cloison, deux graines jumelles reposent. C'est le fruit de la gousse du café.

(1) Vid. *L'Empire du Brésil à l'Exposition de Philadelphie.*
(2) Le Pays du Café, *Voyage de M. Durand au Brésil*, 1 vol. grand in-8 de 130 pages; prix, 3 francs. En vente au bureau du *Courrier International*, 14, rue Vivienne.

Les cultures brésiliennes s'étendent, plus ou moins abondantes, du fleuve des Amazones jusqu'à la province de São-Paulo, et embrassent environ 20° de latitude. Du littoral à l'extrémité occidentale de la province de Matto-Grosso, on compte 25° de longitude. La zone totale où l'on peut cultiver le café est évaluée à trois millions de kilomètres carrés !

Au centre des plantations de caféiers se trouvent des *Fazendas*, sorte d'établissements d'exploitation, où le propriétaire, le *Fazendeiro* habite, ayant autour de lui, dans d'autres maisons, des esclaves ou des travailleurs noirs.

La cueillette du café se pratique d'une manière très pittoresque, et le spectacle vaut celui des vendanges.

Sous la conduite d'un contre-maître, d'un intendant ou *feitor*, des bandes de travailleurs grimpent dans les arbres. Ils se tiennent perchés sur des échelles et tirent à eux très doucement les branches du caféier. Ils effeuillent la branche entre leurs doigts, et les baies sont recueillies dans des corbeilles. Lorsque les paniers sont pleins, d'autres travailleurs les emportent sur leur tête à la fazenda.

La récolte est déchargée sur une terrasse où on la laisse sécher au soleil. Le soir, on la réunit en tas ; le lendemain et les jours suivants on l'éparpille, de nouveau, jusqu'à ce qu'elle soit entièrement sèche, sans fermentation. Les appareils mécaniques, inventés dernièrement par MM. Taunay et Telles, commencent à fonctionner dans quelques fazendas (1). Ils remplacent avantageusement ces procédés primitifs de dessiccation.

(1) MM. Godoffredo Taunay et Silva Telles, ingénieurs brésiliens, inventeurs de l'appareil de dessiccation connu sous le nom de *seccador Taunay-Telles*, ont inauguré le 6 décembre dernier une usine centrale pour la préparation du café à Cachoeiro-de-Itapemirim, dans la province d'Espirito-Santo. Les premières expériences faites par ces deux ingénieurs ont donné des résultats merveilleux, et nous croyons que l'adoption de l'appareil va faire faire des progrès réels à la préparation du café brésilien.

Des femmes et de jeunes négrillons sont employés à laver le grain dans des puits et à le décortiquer.

On procède ensuite au polissage, à la seconde dessiccation, et, après un triage attentif, on transporte la récolte qui est mise dans des sacs d'une contenance de 60 kilos.

On a prétendu, à bon droit peut-être, que certains planteurs brésiliens ne préparent pas leurs produits avec autant d'art que ceux de Ceylan et de Java, ce qui laisse une légère amertume, une saveur de terroir au café du Brésil. Nous ferons remarquer que ce goût de terroir est loin d'être désagréable, et que, du reste, il s'affaiblit considérablement si l'on a le soin de garder le café un ou deux ans avant d'en faire usage, précaution qu'il faut, d'ailleurs, prendre pour tous les cafés. Ce défaut ou cette qualité que présentent tous les cafés authentiques sont très appréciés des gourmets de l'Amérique du Nord.

Pour nous, lors de notre voyage à Rio-de-Janeiro pendant l'été dernier, nous avons dégusté dans cette ville les cafés les plus parfumés, et les plus toniques du monde. Les plus modestes restaurants de la capitale du Brésil nous ont toujours servi du café supérieur à celui que l'on trouve dans les grands établissements de France. Quant à celui que nous avons eu l'honneur de prendre chez des planteurs en renom il défie toute comparaison.

La question de la dégustation des cafés est très-complexe. Plusieurs causes agissent sur les couleurs et les saveurs des différentes espèces de café.

Nous empruntons au général Morin les résultats des travaux qu'il a entrepris au Conservatoire des Arts-et-Métiers de concert avec l'éminent professeur de chimie M. Péligot. Ces savants s'accordent à reconnaître que le café comme les vins généreux exige l'épreuve du temps pour acquérir ses plus exquises qualités. C'est l'âge qui fait le bon café.

Les cafés les plus secs dont la couleur est en général jaune pâle ont une densité *gravimétrique* d'environ 500 grammes au décimètre cube, tandis que ceux qui ont une apparence verdâtre et dont la récolte ne date pas de plus d'un an ou deux, pèsent en moyenne 680 grammes, et parfois plus, au décimètre cube, sans tassement.

Or, le café se vendant toujours au poids, le commerce a intérêt à le livrer le plus vert et le plus lourd possible, parce que le consommateur hésiterait à payer la différence de prix correspondante à celle de la densité.

Cela est si vrai que les marchands même de très bons cafés de la côte d'Afrique, dits mokas de Zanzibar, ne peuvent livrer que des cafés de *deux ans* au plus, au prix moyen de 5 francs le kilog. ; tandis que si ces cafés étaient parfaitement secs, ils vaudraient plus de 7 francs, en tenant compte de la perte par dessiccation.

L'arome du café est donc en raison directe de sa dessiccation par le temps.

Certains procédés physiques pourront peut-être remplacer un jour ce coëfficient d'années nécessaires, et nous permettre de consommer le café dans la plénitude de sa saveur.

Voir le tableau ci-contre.

DENSITÉS GRAVIMÉTRIQUES DES CAFÉS VIEUX

PROVENANCE	DATE de la récolte	ÉTAT DES GRAINS	Densité des grains au litre	Nombre de grains au décilitre
Moka (amiral de Rigny).	1828	Grains réguliers, fins.	500 gr.	510
Moka d'Aden.	1874	Très mêlés.	606	554
Moka zanzibar	1874	id.	600	476
Java.	—	Réguliers gros.	455	338
Réunion.	1869	Fins, pointus aux extrémités.	630	488
Brésil.	1872	Réguliers gros.	522	294
Brésil n° 16	1867	. . . .	460	300
Rio n° 17	1871	Réguliers gros.	544	292
n° 18	1872	. . . .	586	354
Venezuela.	1865	Ovoïdes moyens.	654	400
San-Salvador.	1873	id. id.	662	»
Cochinchine.		Petits.	614	544
Rio-Nunez.		id.	580	618
Nossi-Bé.		Moyens.	584	432
Nossi-Bé (sauvage).	Très secs.	Ovoïdes, très petits.	440	752
Gabon.		Gros, irréguliers.	490	336
Calédonie.		Moyens.	570	412
Ceylan.	Moyen sec.	Fins.	580	452
Brésil (Espirito Santo.)	1875	Gros (artificiellement desséché).	567	318

Il résulte de ce tableau comparatif que le *café brésilien* est de tous les cafés les plus gros et le plus régulier.

Ce café paraît en outre exiger pour la dessiccation moins de temps que les autres cafés, puisque sa densité gravimétrique est : pour 8 ans, 460 grammes.

pour 4 ans, 544 grammes.

pour 3 ans, 586 grammes.

Pour un an, après dessiccation artificielle, sa densité est de 567 grammes le litre ; c'est-à-dire que le café brésilien se prête mieux qu'aucun autre aux procédés artificiels de dessiccation, qui pourraient aisément, s'ils étaient bien pratiqués, faire rendre à un café d'un an l'arome et la densité gravimétrique d'un café de dix ans.

Les planteurs brésiliens doivent surtout diriger leurs efforts dans ce sens, s'il veulent s'assurer les meilleures qualités sur tous les marchés du monde.

Il nous paraît intéressant, maintenant, de comparer entre eux, sous le rapport de la densité gravimétrique et de la dessiccation, les cafés brésiliens de l'année et de provenances diverses.

Au Brésil, la cueillette du café commence en avril ou mai et se prolonge parfois jusqu'en novembre, par suite d'irrégularités dans la maturité.

Voir le tableau ci-contre.

DENSITÉS GRAVIMÉTRIQUES
DES CAFÉS BRÉSILIENS VERTS DE L'ANNÉE

PROVENANCE	ÉTAT DES GRAINS	Densité	Nombre de grains au décilitre
Province de Rio.	Réguliers fins.	674 gr.	316
Green.	id.　　id.	688	406
Plat.	Plus petits.	692	400
Rond.	Ovoïdes, fins, fève unique.	708	390
M. de Friburgo et fils	Rég. gros, olivâtres.	700	386
Lavés. { M. de Friburgo.	. . . .	676	398
Bar. de Rio-Bonito.	Rég. gros, olive clair.	698	390
C. de Paula Santos.	. . . .	694	384
M. Santos Païva.	Rég. fins un peu ovoïdes.	624	466
Cel. de Averlas.	Gros, odeur désag.	672	398
Dr. Correa de Castro.	id.　　id.　　id.	670	458
Alves Barboza.	Rég. moyens	684	398
Barra-Mansa.	id.　　id.	678	410
Maximo.	Rég. gros.	658	338
Correa de Castro.	Vert olive, gros.	678	370
Guimaraes.	id.　　id.	698	398
Estevez.	id.　　moyens.	696	418
Café jaune (Amarello) de M. Guimaraes.	id.　　gros.	640	388
Café rouge (Vermelho).	id.　　gros.	665	380
De Nioac.	Rég. ovoïdes, fins, plats.	682	412
Province de Minas.	Régul. fins.	672	412

Les cafés de M. Santos Païva ont paru les plus secs et les mieux préparés aux savants experts du laboratoire des Arts et Métiers. Ils ne pèsent que 624 grammes le litre, tandis que ceux qui en approchent le plus, les Haïti, montent jusqu'à 630 gr. Il y a tout lieu de penser que, toutes choses égales, d'ailleurs, ce café a pour lui toutes les probabilités de supériorité quant à l'arome et à la saveur.

Les cafés à grains ronds, ovoïdes, proviennent de ce qu'ils sont seuls dans la gousse, la fève jumelle ayant avorté. M. Duchartre a constaté que ces grains de forme ovoïdale ne sont pas plus gros que les autres.

M. Rocha-Leâo a obtenu au Brésil des cafés très triés à grains ronds et d'autres à grains plats.

On a constaté d'ailleurs que le nombre de grains plats, dans une récolte, est en raison directe des soins apportés à la culture.

Le moka donné en 1829 à l'amiral de Rigny, moka à peu près sauvage, ne contenait que 62 pour 100 de grains plats.

Les zanzibar bien récoltés par la Compagnie en fournissent aujourd'hui : 91 sur 100
Le café de la Réunion en donne : 94 pour 100
Celui de Ceylan en donne : 90 pour 100

Le café de Rio est aussi riche en grains ronds que celui de la Réunion ; il en contient 94 sur 100.

La culture a donc pour effet d'empêcher l'avortement d'une des fèves de la gousse du caféier.

L'âge du café a surtout pour effet, nous l'avons dit, de lui faire perdre le *gout de vert* et de faire prévaloir l'arome particulier à chaque variété. Les amateurs feront donc bien de faire longtemps d'avance de grandes provisions de café, qui leur permettent de l'avoir toujours dans un poids moyen Ce 500 grammes par litre.

Il est du reste assez facile, par la simple inspection de la couleur, de s'assurer approximativement de l'âge d'un café. La teinte *jaune clair* est celle qui garantit le mieux la qualité du café par son âge.

Il ne suffit pas, cependant, à un café d'être vieux pour être bon. Il faut encore, outre les soins de *culture* et de *récolte* exigés, qu'il ait poussé dans une terre qui lui convienne.

M. Moreira a fait sur ce point d'excellentes observations.

D'après lui, le caféier cultivé dans les terrains *bas* donne un fruit plus *développé*, d'une couleur foncée et d'une saveur peu prononcée. Celui que l'on cultive dans les terrains *élevés* donne la *petite* graine *blanchâtre* dont l'arome et le goût sont très forts et très agréables. Quant à la composition chimique du sol, les terres moyennement légères à prédominance siliceuse font les meilleurs produits. Les terres fortes en humus fournissent des cafés inférieurs d'une coloration foncée.

La préparation immédiate du café n'est pas indifférente non plus à sa qualité. Quelques conseils à ce sujet ne seront pas superflus. Il est peu de maisons où l'on sache préparer convenablement et rationnellement d'excellent café.

Le café doit être brûlé quelques heures seulement avant la consommation. Le café vieux brûlé dégage un principe huileux qui s'altère à l'air libre et lui communique un mauvais goût âcre et quelque fois insupportable.

On peut à la rigueur conserver un jour ou deux, en vase clos, du café brûlé.

L'appareil appelé brûloir, vulgairemnent employé, n'est pas mauvais, à la condition qu'on évite les mouvements brusques et les secousses violentes.

Il faut se servir d'un feu vif et régulier de charbon de bois en pleine ignition.

Sous l'action du feu, le grain de café augmente dans une proportion de 1,50 1,60 et même de 1,75 de son volume. La perte au brûloir varie avec le degré de siccité du café. Pour que le café soit convenablement brûlé jusqu'à la teinte marron, il doit perdre de 0,13 à 0,18 de son poids. S'il était poussé jusqu'à une déperdition de 0,20, il serait trop brûlé, trop huileux et tacherait le papier.

Le dosage des tasses ordinaires d'un décilitre doit être de 25 grains pour un décilitre et demi d'eau.

L'eau d'infusion doit être portée à une température un peu inférieure au degré d'ébullition.

Les vases en faïence, en porcelaine ou en verre sont seuls admis pour les filtres. Tout métal et appareil à vapeur doivent être rejetés.

Le général Morin, M. Péligot, le docteur Laborie, M. Heuzé de la Société d'agriculture, MM. Bignon et Magny, les restaurateurs bien connus, ont procédé, en 1875, à la dégustation des divers cafés livrés à la consommation.

Leur expérience n'a pu se faire dans des conditions avantageuses pour le café brésilien. Tandis qu'ils opéraient sur d'autres cafés très-secs, ayant complètement perdu leur goût de vert, ils n'ont pu déguster que du café brésilien de l'année.

Malgré cette cause d'infériorité réelle, le café du Brésil a été trouvé excellent et a obtenu un très-bon rang dans le classement général.

Les dégustateurs ont divisé, d'après la saveur et l'arome, les cafés en trois catégories qui nous semblent assez rationnelles :

1° Les cafés secs, ayant un arome très-prononcé qui permet de les mélanger ;

2° Les cafés secs, moins aromatiques, plus doux, pouvant être pris seuls ;

3° Les cafés jeunes.

Or dans la première classe, le café brésilien de 2 ans de M. Rocha-Leão a pu lutter avec des cafés d'un âge beaucoup plus avancé. Il a occupé le 8° rang dans la classification, avec la note : très-bien récolté, *très-bon*, pas encore assez vieux.

Il n'a avant lui que 5 espèces de Moka très-vieux, un Martinique de 3 ans et un Ceylan également de 3 ans.

Le café Amarello ou jaune, remis par M. Guimarâes, a été jugé très-bien récolté, très-bon et très-fort pour le mélange. Il en a été de même du café de M. de Nioac.

M. Péligot a constaté en outre que le café Amarello est beaucoup plus riche en caféine que le café Vermelho.

Dans la seconde catégorie des cafés doux secs, le café brésilien vient au second rang. Le Saint-Leu de la Réunion lui a été trouvé préférable. Les cafés Guimarâes, de Rio, Sâo-Paulo, de Campinas, Santos, Capitania, Espirito-Santo ont été estimés, très-bien récoltés, très-secs, *d'un goût franc et agréable.*

Dans le classement provisoire de cafés jeunes, le café brésilien monte sans conteste au premier rang. Il est, de tous les cafés, celui qui a le moins besoin de vieillir pour être trouvé passable, sinon tout à fait bon. C'est cet avantage qui fait sa supériorité commerciale sur tous les autres cafés du monde.

Les cafés plats de Rocha-Leâo qui ont obtenu des médailles d'or aux expositions universelles, ainsi que ceux de Friburgo et fils, ont été trouvés très-bien récoltés et triés, et d'un très-bon goût.

Les cafés ronds de Rocha ont paru très-forts et susceptibles d'être mêlés avec des cafés doux pour en relever le goût.

Les cafés lavés ont bon goût, mais sont faibles, et inférieurs aux autres.

Le café de Minas-Geraes a été considéré d'un goût fort, mais bon, qui doit beaucoup gagner en vieillissant. Le café de Barra-Mansa, dans la Province de Rio, est très-fort, brun, a de l'arome, mais est, d'un goût vert prononcé.

Voici la conclusion des travaux de M. Péligot et du général Morin sur les cafés du Brésil :

« En dehors des cafés d'Arabie, de la Martinique et de la Réunion, qui n'entrent en réalité que pour 0,052 dans notre consommation totale en France, ce sont les cafés du Brésil qui méritent la préférence de notre commerce, non-seulement à cause des soins avec lesquels ils sont récoltés, mais encore pour leurs bonnes qualités. Le commerce et les consommateurs français doivent donc faire des vœux pour que cette culture se développe et se perfectionne de plus en plus dans cette riche et fertile contrée. »

M. le docteur Georges Pennetier, directeur du Muséum d'histoire naturelle de Rouen, ajoute ce qui suit aux paroles flatteuses et encourageantes que nous venons de citer :

« Certains cafés du Brésil ont un arome égal à celui de la Martinique. Le plus grand nombre de ces cafés suffisamment secs sont d'un goût franc très agréable. Ils peuvent être acceptés par la consommation comme les équivalents du café de la Réunion, et paraissent supérieurs à tous les cafés provenant des autres contrées de l'Amérique. »

Les analyses chimiques les plus récentes du café donnent :

Eau.	12 p. 100 en moyenne.
Cellulose.	34
Matières grasses.	10 à 13 pour 100.
Glycose dextrine.	
Acide caféique.	15 à 16
Acide citrique et autres matières non azotées.	
Matières azotées.	17 p. 100.
Caféine, légumine.	
Substances minérales.	6 à 7

Les matières grasses qui donnent au café cru son odeur sont donc relativement peu nombreuses.

La caféine est ce qui domine dans le café. Cet alcaloïde a

été découvert par Runge. Il cristallise en filaments soyeux, blancs, inodores, légèrement amers et volatils. La caféine est très riche en azote. Elle constitue un excellent aliment, puisqu'elle contient 30 pour 100 de son poids d'azote.

Ce principe actif du café est identique par sa composition à la théine du thé, à la théobromine du cacao, à la guaranine du guarana.

M. Vandencorput a découvert la présence de la caféine dans les feuilles du caféier dans la proportion de 2 pour 100. Le Brésil a déjà commencé à livrer à la consommation des thés de caféier, dont les naturels de Sumatra font usage depuis très longtemps.

La torréfaction modifie la composition chimique du café. La partie ligneuse se décompose en partie et devient friable; la dextrine et le glycose se transforment en un corps brun, amer, soluble dans l'eau; un principe huileux très aroma-, tique, très volatil, la *caféone*, se développe sous l'action du feu. La plus grande partie de la caféine reste, mais une portion se décompose en méthylamine.

La quantité de caféine varie suivant les espèces de café.

Pour 500 grammes de café soumis à l'analyse, on a trouvé :

Café amarello du Brésil	1,82
Martinique	1,79
D'Alexandrie	1,26
De Java	1,26
Moka	1,06
Cayenne	1,00
Saint-Domingue	0,89

Non seulement le café brésilien est de tous les cafés le plus riche en caféine, mais il est encore celui qui cède à l'eau une plus grande quantité de principes solubles, jusqu'à 45 pour 100.

Tout récemment, un jeune médecin brésilien, M. le docteur C. Teixeira, voulant apprécier à leur valeur exacte les différentes qualités de café, a eu la bonne idée de prier M. le docteur Ernst Ludwig, le savant directeur du laboratoire de chimie de la Faculté de Médecine de Vienne, de faire l'analyse de deux qualités différentes de café brésilien qu'il lui présenta. M. le professeur Ludwig a procédé à l'analyse de ces échantillons, d'après la méthode de Dragendorff. Le résultat de cette analyse (1) a démontré que le café brésilien l'emporte sur les cafés des provenances les plus diverses par la proportion de caféine qu'il contient. Il l'emporte sur le Ceylan natif et plantation, sur le café de la Martinique, d'Alexandrie, de Java, de Moka, de Cayenne, de Saint-Domingue. En effet, d'après l'analyse du professeur Ludwig, d'accord en cela avec d'autres chimistes célèbres, la proportion de caféine contenue dans le café brésilien varie entre 1,16 et 1,75 0/0.

L'analyse chimique que nous venons de donner indique les principaux effets que le café peut produire sur l'organisme.

« Le *café vert* n'est employé qu'en médecine (1). On l'a employé contre les fièvres intermittentes, en poudre, en potion et en extrait. Un excellent remède populaire pour guérir les malades atteints de fièvres intermittentes est le suivant : une cuillerée à soupe de café vert en poudre, mêlé à 2 ou 3 cuillerées de jus de citron, le tout administré aux malades plusieurs heures avant l'accès. »

Certains physiologistes ont attribué au café des propriétés nutritrives peut-être exagérées. Ils l'ont considéré comme un *aliment d'épargne.*

(1) Vide *Der Kaffee von brasilien*, Wien, 1883.
(2) Vide Dr Fort, article paru dans l'excellente *Revue commerciale et maritime*, de Rio-de-Janeiro, n° du 15 décembre 1882.

Le savant docteur Fort, après des expériences répétées et dont il a été lui-même le sujet, en est arrivé à ranger le café parmi les *modificateurs de l'innervation*. « Le café agit en excitant le système nerveux et en augmentant les propriétés réflexes des centres nerveux. Lorsque la dose de café est modérée et que cette excitation est légère, le café est un agent tonique produisant, par l'intermédiaire du système nerveux, une excitation salutaire des diverses fonctions. »

Le café stimule la pensée, active l'imagination, met en branle toutes les facultés intellectuelles, et occasionne des insomnies chez les personnes qui n'en font pas un usage habituel.

MM. de Gasparin et Payen ont constaté que les consommateurs de café ont besoin de beaucoup moins d'aliments pour se rassasier que ceux qui n'en consomment pas ordinairement. Ces savants se sont, en outre, rendu compte des causes de ce phénomène. Ils ont reconnu que le café, sans nourrir beaucoup directement, ralentit d'une manière notable les fonctions de désassimilation. Ce sont les pauvres surtout, les travailleurs, les soldats et tous les hommes qui mangent peu ou qui mangent mal, qui doivent principalement se livrer à la consommation du café.

Dans les pays de bière et de cidre, le café devient un tonique de première nécessité.

Le docteur Lucien Martin consacre dans le journal l'*Hygiène pratique* un excellent article à démontrer les heureux résultats que l'on pourrait obtenir par l'emploi rationnel du café dans les armées de terre et de mer.

Il constate que la suppression de l'alcool ne peut être décidée que s'il est remplacé par un liquide jouissant des mêmes propriétés et ne présentant pas les mêmes résultats funestes.

Le café ingéré à une température élevée agit en outre par sa chaleur et protège du froid les personnes qui peuvent y être exposées. De plus, le sucre que l'on ajoute à cette boisson est un aliment respiratoire de premier ordre.

« Le café, dit-il, est véritablement indispensable aux troupes non seulement pour les soutenir, les exciter et les réchauffer, mais encore pour les préserver ou les guérir d'une maladie fréquente en campagne ou en marche, de la diarrhée, qui épuise et abat promptement le soldat le plus vigoureux. Le café est donc un agent d'hygiène préventive, le meilleur de tous assurément. On se trouve aussi, grâce à lui, avoir sous la main un moyen d'action agréable et efficace contre les fièvres intermittentes qui ne sont que trop communes dans notre armée d'Afrique.

« Une distribution supplémentaire de café, dont on ferait une décoction avec les grains non torréfiés, pourrait remplacer la ration hygiénique de sulfate de quinine qui, en été et à l'automne, est allouée à la garnison de certains postes. Elle serait d'autant plus utile que le soldat, croyant que la *quinine lui éreinte* l'estomac, s'empresse de ne pas prendre le médicament qui lui a été distribué, mais de le conserver pour le vendre à l'habitant.

« Il emploierait, sans prévention, ce remède prôné chez les colons, qui consiste en une infusion de café vert additionnée de jus de citron.

« La qualité du café distribué aux troupes doit être exempte de tout reproche.

« Il doit être généralement des espèces dites *Rio-Vert* et
» Haïti, de première qualité, exempt de mauvaise odeur,
» de mauvais goût, d'avarie ou d'altération quelconque. Il
» ne doit pas être torréfié au four ; la torréfaction doit atteindre
» tous les grains également et leur donner une couleur marron clair. Pour ne pas perdre son arome, le café ne doit
» pas être torréfié plus de huit jours avant sa consommation.
» (Baugé, 2753.)

« Les grains remplissant généralement ces conditions ne laissent rien à désirer. Il n'en est pas de même de l'infusion qui est mal préparée. Le soldat fait, dans de grandes marmites découvertes, une infusion, dans laquelle l'eau est en trop grande proportion pour la quantité de café (16 gram. par homme), et où les grains sont concassés sans soin, et beaucoup trop grossièrement, pour pouvoir être facilement épuisés.

« On a remédié à cet inconvénient en établissant dans les cuisines des appareils à filtrer, nommés percolateurs. Seulement on a eu soin de retrancher au soldat une partie de sa mesquine ration, de sorte que l'infusion qu'il boit n'est pas plus mauvaise en campagne qu'en temps de paix. Elle est même moins buvable lorsqu'elle est faite au percolateur, car, en diminuant la ration de café, on a trouvé bon de rogner du même coup celle de sucre. Je serai pour ma part désireux de connaître d'une façon exacte le pouvoir sucrant de l'appareil. Il faut lui reconnaître pourtant une qualité, celle de donner aux hommes la diarrhée, produite par les sels qui se forment sur les parties en cuivre, soustraites au nettoyage par la position qu'elles occupent dans un appareil qu'on ne peut démonter.

« En résumé, il faudrait, sauf dans les cas exceptionnels et indiqués précédemment, proscrire l'eau-de-vie, et la remplacer par une augmentation de la quantité de café et de sucre, ou par du vin qui n'offre pas les inconvénients de l'alcool, mais qui a le défaut d'être peu transportable en campagne. »

La conclusion logique de cet intéressant article est la nécessité de distribuer aux soldats des rations quotidiennes de 25 grammes de café au moins.

Il serait à désirer que les ménages pauvres pussent se procurer la même quantité, par tête, de cette boisson de première nécessité. Il est donc indispensable pour cela d'abaisser les prix de cette denrée.

Il n'y a pas à craindre l'abus comme pour l'alcool et le tabac. M. Pouchet dans son *Traité élémentaire de botanique appliquée* cite un cas fort curieux à ce sujet.

« Nous avons vu, dit-il, dans une auberge de Lens-le-Bourg, au pied du Mont-Cenis, une bonne femme de cent seize ans qui avait l'habitude de boire 25 à 30 tasses de café par jour. »

Après cet exemple, il est inutile de citer Voltaire et sa longévité.

En résumé, le café agit sur l'encéphale dont il augmente l'énergie des fonctions. Il empêche la désassimilation des tissus vivants.

Les médecins peuvent l'employer avantageusement pour combattre les migraines, les névralgies, les coqueluches, les fièvres intermittentes, et en guise de réactif pour empêcher les empoisonnements par les narcotiques.

Mais, pour accomplir ces heureux effets, il est indispensable que le café soit pur, sans altérations, sans falsifications nuisibles.

Le café ne doit pas être récolté sur des plants malades ou mis en sac avant d'être parfaitement séché.

Les fèves des cafés fermentés (vice-propre) sont gonflées ou marbrées, piquées, noirâtres, couvertes de moississures humides à la main.

Il arrive parfois que l'eau de mer ou les mauvaises conditions des navires altèrent des cafés embarqués dans de bonnes conditions.

Ces sortes de cafés sont noirâtres en dehors et verdâtres en dedans. Elles exhalent une odeur de savon et contiennent une assez forte quantité de chlorure de sodium. Leurs cendres donnent avec le nitrate d'argent un précipité blanc caillebeté soluble dans l'ammoniaque. Torréfiés, ces cafés restent ternes et ne renferment presque plus de caféine.

La fraude par substitution s'exerce aujourd'hui sur une assez grande échelle.

Le Java est souvent vendu pour du Moka; le Ceylan pour du Martinique; le Santos pour plusieurs espèces. A côté de ces cafés de *fabrique*, on fait des cafés *factices*.

Le grain a été imité soit avec de la chicorée, soit avec des pâtes, des argiles, des marcs épuisés.

En 1867, à Vienne et à Prague, on se livrait à la fabrication du café avec des farines de gland et de blé grillées.

Le café moulu est surtout l'objet de nombreuses falsifications.

Il est composé souvent de sortes inférieures, de cafés avariés, de marc colorié au caramel. On lui adjoint aussi de la chicorée torréfiée et falsifiée.

Les moyens d'éprouver ces poudres sont à la portée de tout le monde.

Il suffit de jeter une pincée de ce café sur une tasse d'eau. Si une partie de la poudre surnage et que l'autre se précipite, sil'eau se colore immédiatement, c'est que votre café est frelaté.

La coffina ou farine de lupin grillée a été essayée en Angleterre en 1851.

Les falsifications par la betterave, la carotte et le panais sont également très nombreuses.

Le café de figues, si recherché en Allemagne, est lui-même falsifié par des sciures d'acajou, du foie de bœuf et de cheval cuit et réduit en poudre, des grains de sable, des semences du gombo, du chêne d'Espagne, du chicot, par le riz, le maïs, les fèves etc...

Nos laboratoires de chimie feraient bien de soumettreà l'analyse et à la proscription ces denrées nuisibles que l'on nous vend sous le beau nom de café.

C'est l'exemple que vient de nous donner l'Angleterre. Un ensemble de règles importantes au sujet du café et de la chicorée viennent d'y être édictées. Un règlement spécial frappe d'une taxe d'un demi penny par 112 grammes toutes les substances végétales qui sont présentées comme pouvant suppléer au café et à la chicorée. Chaque paquet doit être d'un quart de livre et porter un timbre mobile qui indique la nature et les proportions du contenu. La peine de confiscation avec amende de 20 liv. est portée contre tous les infracteurs de ces dispositions. Quiconque emploie des timbres ayant déjà servi est passible d'une amende de 100 liv. Quant au café pur et à la chicorée pure, ils ne sont pas soumis à ce règlement ; cependant le mélange de café et de chicorée doit porter l'étiquette légale. De cette façon, les succédanés du café ne pourront pas se vendre à l'insu des acheteurs, et paieront un droit plus élevé que le café et la chicorée purs.

De leur côté, les planteurs brésiliens ont compris la nécessité d'assurer à leurs produits les meilleures conditions d'arrivage. Ils semblent vouloir remplacer la toile de chanvre actuellement en usage par un tissu de coton.

La seule cause, en effet, pour laquelle les cafés brésiliens ne sont pas cotés sur les marchés étrangers aussi avantageusement que les cafés de Ceylan, Haïti, Java et autres, c'est que ces cafés souffrent d'une décomposition dûe au très mauvais système d'emballage. — La toile de chanvre fabriquée avec une matière absorsante à un haut degré est la moins propre à l'usage auquel on l'emploie.

Déjà, en 1844, le docteur Agostinho Rodrigues Cunha, dans un travail remarquable, « *de l'art de la culture du café et de sa propagation* », avait reconnu cette vérité que les dures leçons reçues de l'étranger sont venues confirmer depuis.

« Le café, *disait-il,* est un corps hygrométrique, c'est-à-dire qu'il a la propriété d'absorber et de perdre une certaine quantité d'eau s'il se trouve dans une atmosphère plus ou moins chargée de vapeurs aqueuses : il s'ensuit que tous les tissus ne conviennent pas de la même manière pour protéger le café.

« Les tissus de fil moins que les autres conviennent à cet usage, vu la facilité avec laquelle ils retiennent l'eau, tandis que le coton n'ayant pas cette propriété à un degré aussi élevé, l'emploi de cette matière devra toujours être préféré.

« Le meilleur mode d'emballage serait le baril de bois léger ; mais l'intérêt du commerce étranger étant de faire valoir de toutes les manières ses produits fabriqués, nous avons été obligés d'adopter exclusivement les tissus de fil à notre préjudice, encore que l'on sache bien que le café se conserve mieux dans le coton que dans le fil.

« Quant aux barils, la seule cause de leur exclusion serait la différence de poids.

« Si les Chinois avaient subi les mêmes conditions, il y a longtemps que le thé viendrait aussi en balles, et que sans aucun doute le commerce de cette denrée serait anéanti.

« L'on s'explique pourquoi le café nouveau est recherché de préférence à l'ancien, bien que le café d'un an, de deux ans soit préférable quand il a été gardé convenablement.

« Le café nouveau, transporté au loin, se détériore moins au passage de la ligne, sous l'influence de la grande humidité que contient l'air et de la haute température qui existe dans ces parages, parce que ce café contient encore une certaine quantité d'eau ; plus le café sera sec, plus la quantité d'eau absorbée sera grande. La toile de chanvre s'humidifiant plus facilement que le tissu de coton, on devra préférer celui-ci sans hésiter. A ces considérations ajoutons que l'atmosphère de Santos est constamment saturée d'humidité, et que les cafés partant de cette ville sont souvent exportés privés de leur couleur naturelle par suite de la détérioration subie.

« Ce mal pourra être évité à l'avenir en employant les barils de bois blanc au lieu de sacs de chanvre.

« Il y aurait là matière à un débouché important pour les bois des forêts du Brésil, et d'un autre côté un moyen d'affranchir le pays de l'impôt payé à l'Angleterre d'une manière indirecte.

« Il est donc nécessaire de bien se convaincre de ces observations, et si l'emploi du baril de bois ne peut être fait immédiatement, on doit tout au moins employer, sans plus tarder et à l'exclusion de tous autres, les tissus de coton dont les prix se rapprochent de ceux du chanvre.

« C'est en procédant de cette manière que les cafés brésiliens arriveront enfin en parfait état sur les marchés étrangers et ne seront plus indiqués sur les cotes comme étant de 3° 4° et 5° qualité. »

II

LE CAFÉ AU POINT DE VUE ÉCONOMIQUE

Production générale — Consommation ascendante — Exportation brésilienne — Le café du Brésil en France — Le prix des cafés — Dégrèvement.

Pour se faire une opinion sur l'avenir de l'article, il faut se rendre un compte exact de la marche de la production et de la consommation. Jusqu'ici, la statistique semble établir que la consommation déborde la production, malgré les apparences contraires.

Ainsi de 1855 à 1878, c'est-à-dire depuis vingt-trois ans, la production générale a augmenté de 40 0/0 ; la consommation, de 60 0/0. L'équilibre n'a donc été rompu qu'en faveur de la consommation.

Voici, du reste, le tableau de la production générale :

Voir le tableau ci-contre.

PRODUCTION GÉNÉRALE COMPARATIVE

	ANNÉE 1855	ANNÉE 1878
Brésil.	163.400.000 kil.	225.500.000
Hollande..	71.322.000	91.404.800
Antilles.	29.300.000	41.800.000
Ceylan	28.780.160	53.422.400
Sud d'Afrique	22.315.000	35.890.000
Arabie. . . . ,.	6.170.000	2.779.200
Afrique	4 000.000	4.000.000
Amérique centrale.	3.500.000	32.500.000
Philippines	1.358.720	3.390.800
Océanie	»	150.000
Ensemble.	330.151.880 kil.	490.843.200 kil.

Augmentation de production : 48 p. 100.

Ces chiffres sont ceux publiés par l'*Ecomomiste français ;* ce qui a trait au Brésil est exact ; nous acceptons donc les autres renseignements de confiance.

Quant à la consommation, voici le tableau de sa marche ascendante, pendant la même période de 1855 à 1878 :

CONSOMMATION GÉNÉRALE COMPARATIVE

	1855	1878	Augmentation
Etats-Unis. . . . tonn.	97.490	142.372	44.882
France.	26.700	54.120	27.420
Allemagne.	61.230	90.364	38.134
Autriche.	18.877	39.876	20.999
Belgique.	20.186	23.079	2.893
Total. . . tonn.	224.483	358.811	134.328

Augmentation de consommation : 60 p. 100.

Si la consommation est en avance de 12 0/0 sur la production, comment expliquer la dépréciation de 40 0/0 en deux ans sur l'article ? Nous devons donc chercher dans une autre direction la solution du problème.

Ce qui est rompu, ce n'est pas l'équilibre entre la production et la consommation, mais celui entre l'offre et la demande, ce qui n'est pas la même chose.

Au Brésil, on a sauté sans transition du transport à dos de mulet à la locomotive. Les récoltes actuelles nous parviennent doncau moins deux mois plus tôt qu'autrefois. En vingt-deux jours, des vapeurs les transportent dans les pays de consommation. Il fallait autrefois quatre-vingts jours à des voiliers pour effectuer le même trajet. Voilà, en tout, quatre bons mois gagnés, et, par conséquent, 4/12es de récolte qui sont offerts à la consommation avant que la récolte précédente soit à moitié écoulée. La demande n'augmente pas dans la même proportion que la rapidité de l'offre.

La production n'est pas en cause ici. Le Brésil n'aurait pas produit un sac de café de plus, que le même phénomène économique se serait manifesté.

Pour les récoltes de l'Inde, le raisonnement est encore plus juste. Les voiliers doublant le cap de Bonne-Espérance et les vapeurs franchissant l'isthme de Suez déposent dans les entrepôts de l'Europe deux récoltes à un intervalle très rapproché. Pour *un* demandé, il y a donc *deux* offerts, grâce à la *promptitude des arrivages*.

A ces causes générales, il faut ajouter pour le Brésil d'autres causes secondaires, par exemple : la grande récolte de 1880, — le mauvaise distribution des expéditions de l'intérieur : les planteurs expédiant parfois 25,000 sacs par jour, tandis qu'en répartissant leurs envois plus également sur douze mois, ce devrait être seulement la moitié ; — puis les exagérations des télégrammes, offrant des cafés au-dessous des cours pour obtenir des ordres, etc...

On se base sur les forts stocks et sur l'énormité de celui du Hâvre pour croire à une forte augmentation de la production. C'est une erreur. L'accumulation des stocks dans les ports de mer n'est que la conséquence des facilités de communication qui existent dans le monde entier.

Nous sommes donc en présence d'une situation transitoire dûe aux *nouveaux moyens de transport.*

Le choc est produit. Il ne se répétera pas, tant qu'on n'aura pas découvert des moyens de transport aussi supérieursaux moyens actuels, que ceux-ci le sont aux anciens.

Cela étant, la stabilité des transports étant assurée, la différence actuelle entre l'offre et la demande ne peut que diminuer, puisque c'est en réalité *la consommation qui augmente.*

Nous ne pouvons donner de meilleure preuve de cette affimation qu'en citant les chiffres de M. Levasseur, professeur au collège de France, qui, à notre prière, a consacré au café brésilien un article fort intéressant.

« Rio-de-Janeiro et Santos, dit-il, sont les deux principaux marchés du café. Bahia, Pernambuco ne viennent qu'au second rang.

« Le port principal, Rio-de-Janeiro, exportait :

En 1825.	183.136 sacs.
1855.	2.408.256 —
1865.	3.197.644 —
1881.	4.377.418 —

« On évaluait la moyenne de la production totale du Brésil :

De 1835 à 1840 à	40 millions de kilogr.
1855 à 1860 à	120 millions de —
1872 à 1877 à	177 — —
1877 à 1882 à	350 — —

« La progression quinquennale est excessivement prononcée pour les cinq dernières années.

« L'exportation pour la France a suivi la même marche ascendante ainsi qu'il résulte du tableau suivant.

1830	10 millions de kilogr.	
1850	15	—
1851	18	—
1852	21	—
1853	19	—
1854	21	—
1855	26	—
1856	23	—
1857	27	—
1858	28	—
1859	30	—
1860	34	—
1861	37	—
1862	37	—
1863	39	—
1864	40	—
1865	43	—
1866	44	—
1867	47	—
1868	52	—
1869	50	—
1870	76	—
1871	40	—
1872	16	—
1873	44	—
1874	38	—
1875	48	—
1876	53	—
1877	47	—
1878	54	—
1879	56	—
1880	57	—

« Le commerce du café a lentement progressé de 1830 à 1850 : 3 millions de kilos en vingt années.

« De 1850 à 1859 le progrès a été plus rapide : 15 millions de kilos en dix années.

« De 1859 à 1869 l'accroissement était de 20 millions de kilogrammes, grâce à l'abaissement des droits à 50 francs par 100 kilogrammes. (Loi du 23 mai 1860.)

« De 1869 à 1879 l'accroissement était de 26 millions de kilogrammes.

« Quant à la production dans le monde entier, on peut l'évaluer ainsi qu'il suit :

95 millions de kilogr. en 1832
300 — — 1855
600 — — 1880

« D'après ces données, le progrès de la consommation française serait à peu près en harmonie avec le progrès général de la production. »

Si maintenant nous considérons les prix moyens par 50 kilogrammes en entrepôt nous constatons les faits suivants :

Voir le tableau ci-contre.

CAP HAITIEN	RIO bon ord.	BAHIA non lavé	PORTO rico	PORTO bello	MALA- bar.
1860 — 85 fr.	74 fr.	72 fr.	92 fr.	88 fr.	85 fr.
1861 — 85	71	72	94	89	84
1862 — 94	82	82	108	99	93
1863 — 93	87	87	110	100	94
1864 — 91	84	82	106	95	87
1865 — 88	77	77	107	96	88
1866 — 86	74	72	104	92	86
1867 — 81	65	66	96	81	77
1868 — 77	58	56	95	73	68
1869 — 75	59	67	96	77	72
1870 — 73	60	61	91	75	73
1871 — 76	71	70	89	79	78
1872 — 91	90	91	100	96	95
1873 — 114	111	113	127	120	121
1874 — 113	107	110	139	121	121
1875 — 111	105	105	131	116	118
1876 — 104	99	95	128	108	112
1877 — 111	103	99	140	113	115

Jusqu'en 1877 le prix des cafés a donc été constament en s'élevant. Le café brésilien a suivi cette marche ascendante, tout en demeurant toujours de 15 à 20 francs au-dessous des cours desautres provenances.

Cette infériorité de prix, qui est dûc aux moyens économiques de production, a fait rechercher en France le caf brésilien. On l'y a vendu sous le nom de Réunion, Zanzibar etc.

Depuis 1878, les cafés brésiliens n'ont pas cessé de baisser de prix.

Les 4.337.418 sacs exportés en 1881, qui, au prix moyen de l'année antérieure, auraient représenté une somme de 122.000 contos de Réis, n'ont donné, au prix moyen de 1881, que 96.000 contos ; c'est-à-dire que le produit s'est déprécié de 21,4 0/0.

Voici, du reste, ce que le *Précurseur d'Anvers* écrivait naguère, en étudiant le marché de café pendant l'année 1882 :

« Un coup d'œil rétrospectif sur la marche des prix nous montre aussitôt que pour les cafés Santos good average, qui servent depuis ces dernières années de base à la valeur de cette fève, nous avons encore rétrogradé dans le courant de cette année de 6 1/2 à 7 cents, et, qu'avec ce mouvement continuel et rapide à la baisse, les prix de cette sorte de café, dans le court espace de temps de trois années, sont tombés de 44 1/2 cents à 22 1/2 cents, soit à la moitié de la valeur de la fin de l'année 1879.

« Cette période rétrograde a commencé vers la fin du mois de novembre 1879 et nous avons clôturé cette année à 44 1/2 cents, celle de 1880 à 36 1/2 cents, celle de 1881 à 29 cents et celle de 1882 à 22 1/2 cents entrepôt, et il ne faut pas perdre de vue que plus les prix sont bas, plus les pertes d'autant de cents par 1/2 kilog. sont plus sensibles et plus désastreuses.

« Nous pouvons y ajouter que nous payons maintenant bien péniblement les graves conséquences de cette hausse désordonnée qui commençait il y a juste dix ans, lorsque la spéculation, stimulée par un consortium, poussait les prix continuellement à la hausse, jusqu'au mois de février 1874 à 72 1/2 cents, pour retomber le mois suivant à 48 cents. Cette catastrophe est encore dans la mémoire de chacun.

« Ce sont les hauts prix de cette époque qui ont engagé les planteurs, dans la plupart des colonies, à augmenter dans les plus larges proportions possibles la culture des cafés, en négligeant la production d'une masse d'autres produits. Les plantations de cette époque sont depuis ces trois dernières années dans la plénitude de leurs rapports, ce qui nous amène à ces excès actuels de production qui ont vilipendé l'article. »

Les récoltes qui se suivent au Brésil, le pays de production le plus important, ne font qu'augmenter. Celle de 1880/81 qui a donné 4,500,000 sacs, avait amené déjà un trop plein, qu'une réduction assez sensible dans les prix, mais proportionnelle à cette augmentation de production, était parvenue à placer dans le commerce ; mais celle de 1881/82 qui a donné 4,000,000 sacs et celle de 1882/83 qu'on estime à au-delà de 5,500,000 sacs ont surchargé les principaux marchés d'Europe, surtout parce que la spéculation, qui n'a guère été encouragée jusqu'ici par le succès dans ses entreprises, n'opère plus que de temps à autre et seulement sur une échelle assez restreinte ; d'un autre côté, quoique la consommation des cafés ne cesse d'augmenter à mesure que les prix deviennent plus modérés, le commerce de détail se tient toujours sur une extrême réserve, s'obstine à ne plus vouloir faire des provisions et n'achète qu'au fur et à mesure de ses besoins courants ; il est enhardi dans ce système par la marche de l'article pendant ces dernières années. Il n'est donc pas étonnant que dans cet état de choses les stocks s'accumulent dans les principaux ports de mer, alors qu'il n'y en a guère dans le commerce de détail.

Mais enfin il y a des limites à tout et on ne peut pas supposer qu'un article aussi sérieux et aussi important que les cafés puisse tomber à une valeur dérisoire, quoique discrédité pour le moment et abandonné un peu par l'opinion publique.

Les bas prix actuels que nous n'avons plus connus ainsi depuis 1848 ne sont plus rémunérateurs pour les planteurs, et dans toutes les colonies la situation des plantations est très misérable, ce qui doit inévitablement amener une diminution dans la production ; il suffira donc du premier souffle favorable à l'article, qui pourra se produire dans un avenir peu éloigné, pour que le commerce entier s'en empare.

Les importations brésiliennes se sont naturellement ressenties de la stagnation qui a régné dans les transactions pendant la majeure partie de l'année.

Voici un tableau indiquant la situation des cafés sur les six principaux marchés de l'Europe, pendant chacun des mois des deux dernières années (en millier de quintaux anglais) :

Voir le tableau ci-contre.

NOMS	IMPORTA-TIONS		DÉLIVRAI-SONS		STOCK à la fin de chaque mois	
	1882	1881	1882	1881	1882	1881
Janvier.	601	470	367	341	2791	2006
Février.	577	571	830	533	2538	2044
Mars	930	1093	641	712	2827	2425
Avril	736	732	470	577	3092	2580
Mai.	652	628	573	623	3171	2585
Juin	682	538	610	606	3243	2517
Juillet.	536	636	502	507	3277	2646
Août	550	530	636	607	3191	2569
Septembre.	479	447	567	449	3103	2567
Octobre	455	467	547	576	3011	2458
Novembre	497	571	638	608	2870	2421
Décembre	—	637	—	501	—	2557
Ensemble 11 mois de 1882	6695	—	6381	—	—	—
Contre 12 mois de 1881 .	—	7320	—	6640	—	—

Il est donc prouvé par tous ces chiffres officiels et authentiques :

1° Que la production du café brésilien a toujours été crois-
sante ;

2° Que la consommation de ce même café en France et à
l'étranger a de même suivi une progression ascendante ;

3° Que depuis 1878-1879 les prix du café brésilien sont
toujours allésn en diminuant.

A quelle cause attribuer cet écart énorme et persistant ?
Les cafés brésiliens ont-ils eu à souffrir de la concurrence
étrangère ? Cela ne paraît pas résulter des statistiques d'exportation. Chaque jour, au contraire, les Santos de S. Paulo
remplacent et supplantent les provenances de Saint-Domingue ; à lui seul, le stock brésilien est supérieur à tous les
autres arrivages de café. Il faut donc chercher ailleurs la
raison de cette baisse de prix. On la trouve évidemment
*dans la différence considérable qui existe entre l'offre et
la demande.* Il n'y a plus équilibre entre la consommation
et la production. La faute n'est pas au consommateur
qui ne peut absorber davantage, malgré la dépréciation
de la denrée; mais *au fisc* qui écrase, en France surtout,
cet objet de première nécessité et en relève les prix. La
faute en est aussi à la *nature* qui, depuis deux récoltes, se
montre d'une prodigalité excessive. Comment sortir de cet
embarras? On ne voit qu'un remède : *ouvrir de nouveaux débouchés et abaisser les taxes d'entrée.* Le producteur gagnera
alors sur le grand nombre d'affaires qu'il traitera. La consommation normale de café par tête d'habitants doit être de
8 kil. au minimum par année ; or, il s'en faut de beaucoup
qu'en France, par exemple, le citoyen jouisse de sa ration
suffisante. Il est constaté au contraire qu'il n'use guère que
1 kil. 1/2 par an. Si les impôts étaient diminués ou en-
levés, il n'est pas douteux que le café se répandrait davantage au sein des classes pauvres et y remplacerait avantageusement les alcools et les boissons frelatées. Ce serait alors
une commande de 200,000,000 de kilogrammes pour la France
seule. Ce chiffre n'a rien d'exagéré.

Nous espérons que les gouvernements comprendront enfin tous les avantages qui résulteront pour la santé et la for-
tune publique de la suppression des droits sur une matière
aussi indispensable que le café.

La production excessive, l'extension par trop considérable donnée chaque jour à la culture du café au détriment d'autres plantations dans l'Amérique du Sud sont les véritables causes de cette crise. Il faut donc diminuer cette culture ou bien lever tous les obstacles qui s'opposent à la création de nouveaux débouchés. Puisqu'en année moyenne l'Europe et les Amériques consomment environ 700,000,000 de kil. de café et que ces pays peuvent régulièrement en consommer trois ou quatre fois plus, il nous paraît plus logique et plus avantageux *d'accroître les débouchés plutôt que de restreindre la production.*

Or, il n'existe qu'un moyen de mettre la consommation en rapport, ou à peu près, avec l'immense production du café brésilien, qui atteint cette année encore le double de celle de l'année 1881 ; et ce moyen consiste pour le Brésil :

1° En l'abolition des droits d'exportation sur le produit ;

2° En la réduction des tarifs de chemins de fer sur les lignes de l'État et des Compagnies particulières.

Pour la France :

Dans le dégrèvement des droits d'entrée sur le café.

Nous sommes heureux de nous appuyer sur la compétence de M. Levasseur en cette occasion, comme en beaucoup d'autres :

« Il y a, dit-il, deux faits dignes de remarque : c'est, d'une part, l'*état stationnaire* de la consommation en France depuis l'aggravation de l'impôt ; d'autre part, le *taux* de la consommation, qui n'est guère en France que de 1 kil. 1/2 de café par habitant, tandis que la Belgique en consomme plus de 4, les Pays-Bas plus de 7, l'Allemagne près de 2 1/2, les États-Unis 3 kil. 75, la Norvège 3 kil. 95.

« Il doit y avoir sans doute une différence entre les pays où la masse de la population boit du vin et ceux où le vin est un objet de luxe. Mais la différence nous paraît trop grande ; nous pensons qu'il serait utile d'alléger un impôt dont le poids pèse si lourdement sur la consommation qu'elle en arrête l'essor, et que la perte qu'une diminution d'un tiers ou de moitié ferait subir au Trésor serait au bout de peu d'années comblée et au delà par l'accroissement que prendraient les importations. »

La France ne manquera pas d'accomplir cette réforme dès que l'état de ses finances le permettra. Elle rendra du même coup un service à la consommation française et au commerce brésilien.

« Il est naturel, ajoute M. Levasseur, de prélever un droit de douane sur une denrée coloniale : c'est un des impôts de consommation qui sont le mieux justifiés devant l'économie politique. Mais, dans l'intérêt même de la perception et du revenu de l'État, il importe que cet impôt soit simple et assez modéré pour ne pas décourager la consommation. Or, il n'était pas simple dans l'ancien tarif français, lorsque les cafés de la Réunion payaient 56 fr. par 100 kilogrammes, ceux de nos colonies d'Amérique 60 fr., ceux de nos établissements d'Afrique 68 fr., et d'Asie 73 fr., ceux des pays étrangers hors de l'Europe 95 fr., ceux des entrepôts d'Europe 100 fr., et qu'il y avait une surtaxe pour l'importation par navires étrangers. Aujourd'hui, il est simple, mais il n'est pas modéré ; après avoir été abaissé à 50 fr., le droit a été relevé, en 1870 et 1871, jusqu'à 156 fr. par 100 kil. pour le café en fèves et pellicules, et à 203 fr. pour le café torréfié et moulu. Le tarif général des douanes du 7 mai 1881 a maintenu ces droits. Ils sont énormes, puisque dans l'état actuel du marché ils doublent pour le moins le prix de la denrée. Ils sont par conséquent un obstacle à la consommation. »

Aujourd'hui, en effet, quelle est la situation ? — Le café

brésilien, à son entrée, est soumis à un impôt qui s'élève à
1 fr. 56 par kilogramme. Le prix de revient d'un sac de
café de 60 kilogrammes acheté à Rio au prix de 78 fr.,
se monte déjà, pour l'acheteur qui va le chercher au Havre,
à 171 fr. 60. Ajoutez-y le fret, le bénéfice du négociant en
gros et celui du détaillant-épicier, et vous verrez que le kilogramme de café acheté à Rio-de-Janeiro au prix de 1 f. 30
ne peut être vendu à un prix inférieur à 3 fr. 80, quand il
arrive àParis.

« En France, la consommation du café n'est que d'un million de sacs ; elle pourrait être du double : mais les droits
d'importation sont si élevés qu'ils ne permettent ni aux
classes ouvrières ni aux populations agricoles l'usage d'une
boisson aussi chère. Avant la guerre de 1870, un sac de café du
poids de 60 kil. ne payait que 31 francs de droit. Mais, au moment d'entrer en campagne, le gouvernement de Napoléon III
a élevé ces droits à 93 francs. C'est donc là un impôt excep-
tionnel, dit impôt de guerre, qui n'a été établi qu'en des circonstances très graves et qui ne peut durer en temps normal.
Depuis, les dégrèvements votés par les Chambres ont porté
spécialement sur les matières imposées après la guerre, et
l'on n'a pas songé à améliorer, pour les cafés, une situation
que l'empire avait créée. Aussi la comsommation, en France,
au lieu de croître, comme aux États-Unis, est-elle restée
stationnaire. Le budget de l'ouvrier ne peut faire face à
une consommation aussi coûteuse que celle du café, et le
prix de 3 fr. par demi kilo n'est pas en rapport avec les dé-
penses permises aux laboureurs. Or, nous ne parlons pas ic
d'une alimentation de luxe ; le café est reconnu par tous comme
u neboisson essentiellement hygiénique et nourrissante. Le
gouvernement lui-même l'a reconnu, en le répandant dans
son armée et dans sa marine. Nous ne croyons pas nous
tromper, en disant que la consommation du café triplerait
en France, après l'abaissement des droits. L'Etat ne perdrait

aucunement au change, puisque le chiffre de son revenu ne changerait pas, et la population peu fortunée bénéficierait d'une mesure dont elle ne connait pas la portée. Un sac de café, du prix de revient de 60 à 70 fr., paye 93 fr. à l'entrée, ce qui met le sac à 150 et 160 fr. Ces chiffres parlent assez d'eux-mêmes, et les conséquences en sont assez faciles à tirer pour que nous n'insistions pas et pour que nous demeurions persuadés que les nouveaux législateurs, animés d'un véritable esprit démocratique et économique, feront cesser un état de choses aussi peu rationnel.

« Le gouvernement des Etats-Unis a si bien reconnu l'utilité du café, surtout pour les classes ouvrières et agricoles, soumises à un rude travail, qu'il a supprimé les droits d'entrée sur ces produits. En agissant ainsi, le législateur a pensé que le café n'était pas aussi facile à falsifier que les vins et autres boissons fabriquées, qui ne soutiennent le travailleur qu'artificiellement. » Les diverses expertises faites par le laboratoire de la Préfecture de police ont, du reste, édifié le gouvernement de la République sur la nature des boissons vendues à l'ouvrier; aussi nous ne doutons pas, nous le répétons, qu'il n'accomplisse une œuvre utilitaire, en se faisant le promoteur d'une réduction qui ne lèse en rien ses intérêts.

Les statistiques prouvent que la consommation du café est en raison inverse de l'élévation des droits d'entrée ; en d'autres termes : plus les droits d'entrée sur le café dans un pays quelconque sont élevés, moins la consommation se développe

Faisons parler les chiffres, et écoutons ceux de l'année 1879 :

C'est en Hollande que la consommation de café est la plus considérable, proportionnellement, puisqu'elle est de 8. k. 12 par habitant. En Hollande, les cafés entrent en franchise.

En Belgique, où le café ne paie que 13 fr,. 20 par 100 k,. la consommation par habitant est de 5 k. 40.

Aux Etats-Unis, où le café n'est assujetti à aucun droit d'entrée, et en Suisse, où il ne paie que 3 fr. par 100 k,. la consommation est de 3 k. 50 et 3 k. 60 par habitant.

Après ces pays, la consommation descend de suite à un chiffre inférieur. En Allemagne, où le café paie 50 fr. de droits d'entrée par 100 k., la consommation par habitant n'est plus que de 2 k. 47.

En Autriche, où l'on paie 16 florins d'or par 100 k., la consommation est encore plus basse (1 k. 05).

En France, grâce au droit quasi prohibitif de 156 fr. par 100 k., la consommation n'est plus que de 1 kil. 46 par habitant. Un Français consomme donc environ six fois moins de café qu'un Hollandais, près de quatre fois moins qu'un Belge. Un Suisse ou un habitant des Etats-Unis consomment deux fois plus de café qu'un Français, et un Allemand en consomme le double.

Règle générale : là où règne l'horrible *mastroquet* semeur de *delirium tremens*, il n'y a pas d'établissements de café. Le domaine du mazagran finit là où commence celui des *perroquets*.

Les sociétés contre l'abus des boissons alcooliques devraient être les premières à réclamer la diminution des droits d'entrée qui pèsent sur le café en France.

Les vitrines des magasins ne contiennent aucun échantillon du Brésil, et cependant ce pays exporte, à lui tout seul, autant que tous les pays producteurs réunis. La production totale du café du monde entier était estimée, en 1878, à 491 million de kilogrammes. Celle du Brésil seul était de plus de 250 millions de kilos !

La campagne entreprise l'année dernière au Havre, à Bordeaux et sur d'autres places encore, pour obteni. du Parlement le dégrèvement de l'impôt de guerre, dont les cafés restent frappés depuis 12 ans, n'a malheureusement pas abouti. Mais cet échec momentané ne doit pas décourager le commerce français. Confiant dans la justice de sa cause, il a pour devoir de continuer la lutte.

Les raisons qu'il invoquait en 1881 sont aujourd'hui plus pressantes et plus convaincantes que jamais. Nos places, celles du Havre surtout, sont en proie à un malaise dans lequel l'excessive élévation des droits de douane sur les cafés a certainement une large part. Un dégrèvement serait pour elles le salut. Peut-on croire que le gouvernement restera sourd à un appel qui, sans lui causer d'embarras grave, aurait pour résultat immédiat de sauver le commerce d'une ruine chaque jour plus menaçante ?

Nous voulons espérer au contraire que les ministres, mieux éclairés sur la situation, n'hésiteront pas à se rallier à un projet de dégrèvement qui sera considéré, par la nation tout entière, comme un véritable bienfait.

Le 14 mars 1881, une réunion était convoquée à la Bourse du Hâvre par M. Paul Langer, dans le but de provoquer une démarche collective du commerce havrais, près du gouvernement, afin de solliciter une réduction des droits écrasants qui pèsent sur le café.

Tout le monde étant d'accord sur la nécessité et l'opportunité du dégrèvement, il s'agissait de fixer dans quelle mesure ce dégrèvement pouvait être demandé. Le droit actuel étant de 1 fr. 56 par kilog., on avait parlé d'abord d'une réduction de 75 centimes ; mais, connaissance ayant été donnée d'une pétition des négociants bordelais, demandant le retour pur et simple au droit de 50 centimes, l'Assemblée décida qu'on devait demander la même réduction et nomma une commission composée de MM. Paul Langer, Ledoux, Edmond de Coninck, Kronheimer et Foerster, en la chargeant d'élaborer le mémoire du commerce havrais aux pouvoirs publics.

Ce document fut communiqué aux intéressés dans une seconde réunion tenue à la Bourse, le 31 mars suivant, et fut approuvé à l'unanimité. Nous croyons utile de reproduire le texte de ce document, rédigé sous forme de pétition au Sénat et au Corps législatif. Il était ainsi conçu :

Messieurs les Sénateurs,

Messieurs les Députés,

Sous le coup de nécessités financières impérieuses, provoquées par les événements de 1870-71, les pouvoirs publics doublèrent, puis triplèrent les droits sur les cafés.

De 50 francs ils furent successivement portés à 156 francs, taux actuel, pour les importations des pays hors d'Europe.

D'autres denrées, les sucres, les cacaos, les poivres, furent également frappées de droits considérables.

Le pays a vaillamment supporté pendant dix années ces lourdes charges, mais les circonstances ne nous semblent plus justifier la continuation de ce sacrifice et le moment nous semble venu de supprimer la surtaxe de guerre qui, dans la pensée de chacun, ne devait être que temporaire, et de revenir aux conditions qui régissaient le café avant 1870.

Déjà les Chambres ont fait, l'année dernière, un premier pas dans cette voie. Les sucres ont été l'objet d'un dégrèvement considérable; nous avons tous compris qu'il était opportun de commencer la série des dégrèvements par les sucres, l'intérêt de notre agriculture s'y trouvant directement lié. Nous avons applaudi à cet acte de justice envers une branche si importante de la production nationale.

Aujourd'hui, nous venons demander au gouvernement et aux Chambres de continuer dans cette voie et de faire jouir les cafés d'un dégrèvement semblable.

. . . .

Nous n'aurons pas besoin de justifier notre demande par debien longues considérations.

Le café, anciennement presque un objet de luxe, est devenu un aliment, une boisson de première nécessité.

Ni l'ouvrier de nos villes, ni le laboureur de nos campagnes, ni le soldat qui défend notre sol ne pourraient s'en passer. Il est consommé par toute la population.

Or, pourquoi la consommation totale demeure-t-elle tellement au-dessous de tant d'autres pays, de la Suisse, de la Belgique, de l'Allemagne, des États-Unis, par exemple?

N'est-il pas évident que les droits énormes qui pèsent sur cet article sont le principal obstacle à un grand développement de la consommation? Et n'est-il pas évident qu'avec un large dégrèvement, celle-ci reprenant une marche ascendante, le Trésor verrait petit à petit le déficit de ses recettes se combler?

Il y a une autre raison qui milite en faveur d'une réduction des droits véritablement écrasants qui existent. (Ils atteignent pour certaines sortes de café 120 à 130 0/0).

Personne n'ignore que le long de nos frontières et malgré une active surveillance, la fraude, stimulée par l'appât des bénéfices illégitimes considérables, est très active. L'énormité du droit la favorise, au grand détriment d'une part, du Trésor, qui, au lieu de toucher un droit modéré, ne touche rien sur les qualités passées en fraude; et d'autre part, du commerce honnête qui ne lutte le long de nos frontières, qu'à armes inégales. Les droits élevés sont toujours immoraux et impolitiques, car ils provoquent inévitablement la fraude.

L'augmentation du prix de vente à l'acquitté, par suite de droits exorbitants, favorise également les adultérations, au grand détriment de la santé publique.

Nous avons, du reste, en faveur du dégrèvement que nous sollicitons, le meilleur argument que nous puissions désirer : MM. les ministres des finances et du commerce, en présentant au nom de M. le président de la République, le projet de loi réduisant les droits sur les sucres, s'exprimaient ainsi :

« L'impôt n'est pas inférieur à 120 0/0 de la valeur intrinsèque du produit, quand les sucres sont à un taux normal, et malgré le renchérissement dû à une mauvaise récolte de betterave, les droits sont encore aujourd'hui d'environ 90 0/0 du prix des sucres en entrepôt.

« *Une pareille surcharge fiscale n'est pas étrangère à* l'arrêt survenu dans le développement de la consommation, et on est en droit d'espérer que celle-ci ne tarderait pas à reprendre un nouvel essor sous l'impulsion d'une forte détaxe. »

C'est en nous plaçant sur le même terrain et en invoquant l'autorité de ces paroles, que nous faisons un pressant appel aux pouvoirs publics pour que les cafés soient ramenés au taux où ils étaient avant la guerre, soit 50 fr. par 100 kilog.

L'accueil favorable fait par les Chambres au projet du gouvernement réduisant les droits sur les sucres, nous fait espérer que la mesure que nous sollicitons rencontrera auprès d'elle un accueil semblable.

III

LES EXPOSITIONS DE CAFÉ BRÉSILIEN.

La première idée de ces expositions. — Le CENTRO DA
LAVOURA E COMMERCIO. *— Les expositions de café à
Rio-de-Janciro. — Expositions à Londres, à New-York,
au Canada, à Trieste, à Berlin et à Buenos-Ayres. —
L'exposition de Paris, au Palais de l'Industrie.*

Le dégrèvement n'est pas l'unique moyen de rendre aux
cafés du Brésil leurs prix vraiment rémunérateurs, en éten-
dant et en multipliant la consommation de cette denrée
alimentaire de premier ordre et de première nécessité.

Il en est un autre d'une efficacité presque égale, qui,
jusqu'à ces derniers temps, avait été totalement négligé :
nous voulons parler des *Expositions* et des *Bourses* de café.

Il est évident, en effet, que pour répandre un produit, il
faut avant tout le faire connaître.

Or, chose vraiment incroyable! le café brésilien qui, en
1881, fournissait presque la moitié de la consommation du
monde entier (300 millions de kilogrammes), le café brésilien
n'était connu nulle part sous son véritable nom.

On consommait du café brésilien sans le savoir. L'Europe
pour sa part en absorbait 2,135,442 sacs de 60 kilog. Aucune
de ces sortes ne portait la marque authentique du producteur

d'origine, et rien ne pouvait révéler la provenance de ce café.

Plusieurs des sortes de Sâo-Paulo sont présentées dans le commerce comme des Malabar, des Mysore et des Bangalore.

Les cafés brésiliens décortiqués passent pour des provenances du Guatemala.

Le *Capitania* du Brésil remplace avantageusement le café du Haïti.

Les cafés lavés de Rio et de Santos sont vendus couramment pour des cafés de Laguayra.

Les lavés supérieurs affichent bien souvent la marque de la Jamaïque, et les qualités moyennes se vendent tous les jours comme des Manilles indiscutables.

Pour mettre ordre à cet état de choses, pour empêcher la fraude du marché de gros et de détail, pour propager de plus en plus la consommation des cafés brésiliens, et enrayer la baisse persistante des prix, un jeune ministre, M. le conseiller Buarque de Macedo, réalisa une combinaison qui paraît assurer d'excellents résultats.

Au mois de juin 1881, l'intelligent ministre du commerce, de l'agriculture et des travaux publics consulta quelques notables négociants et quelques agriculteurs influents au sujet des mesures à prendre pour conjurer ou atténuer la crise.

Des conférences furent organisées.

Le *centro da Lavoura e commercio*, qui répond à peu près à notre Société d'agriculture, se fit représenter à ces conférences.

Ce cercle est composé d'hommes très versés dans les questions agricoles et économiques du pays. M. le vicomte de Sâo-Clemente en est le président.

Le vice-président est M. J. C. Ramalho-Ortigâo. Ses deux

infatigables secrétaires sont MM. Honorio-Augusto-Ribeiro et Hermano Joppert. M. Antonio-Thomaz Quartin est le trésorier de ce cercle.

Le *Centro da Lavoura e commercio* étudia sans retard la question qui lui était soumise par le ministre.

Il s'agissait de résoudre ce problème :

Quels sont les moyens les plus efficaces à employer pour améliorer la situation actuelle du marché de café du Brésil, au point de vue du développement de la consommation?

Le *Centro*, sous la présidence de l'éminent agriculteur, M. le baron du Rio-Bonito, arrêta les dispositions suivantes, qu'il soumit au Ministre le 15 juillet 1881 :

— Tous les ans, pendant le mois d'octobre ou de novembre, il se tiendra à Rio-de-Janeiro une exposition générale de café brésilien, comprenant surtout les provenances de Rio, Minas-Geraes, São-Paulo et Espirito-Santo.

— Le gouvernement impérial accordera le transport gratuit et autres faveurs aux produits destinés à l'exposition.

— Une Exposition de dessins et de modèles de machines agricoles sera annexée à l'Exposition de café.

— Pendant la durée de l'Exposition, des conférences seront faites sur des questions économiques relatives au café.

— Les Compagnies de chemin de fer accorderont des places à prix réduit aux personnes qui désireront visiter l'exposition.

— Après la clôture de chaque Exposition annuelle, les échantillons exposés seront divisés par séries et *envoyés en Europe et dans l'Amérique du Nord*, afin d'y être exposés par les soins des consuls brésiliens.

C'était décréter du même coup des Expositions nationales et internationales.

Le ministre approuva ces sages mesures, et le 14 novem-

bre 1881 la première Exposition de café du Brésil avait lieu
à Rio-de-Janeiro.

Une commission d'organisation fût nommée par le *Centro
da Lavoura*.

Elle était composée de MM. le baron d'Araujo-Ferraz, président ; Hermano Joppert, secrétaire ; Valverde de Miranda,
Eduardo Lemos, J. de Mello Franco et J. Ramalho-Ortigâo,
membres du comité.

L'Exposition se tint dans les salons de l'Imprimerie Nationale.

L'Empereur, qui s'intéresse avec tant de sollicitude à tous
les progrès et à tous les développements économiques de son
pays, inaugura lui-même cette belle Exposition

Les produits occupaient trois salons.

Dans le salon d'honneur, une collection de cafés métho-
diquement classés renseignait le visiteur sur l'histoire du
travail, et les nombreuses transformations que subit le produit avant d'être livré à la consommation.

La salle suivante contenait 1.145 échantillons divers envoyés par un millier d'exposants des différentes provinces de
production.

574 échantillons provenaient de la province de Rio-de-
Janeiro ;

371 appartenaient à celle de Minas-Geraes ;

130 avaient été expédiés de Sâo-Paulo ;

18 de Espirito-Santo ;

52 de provenances diverses.

Enfin, dans le troisième salon se trouvaient les cafés étrangers qui devaient servir de point de comparaison aux planteurs brésiliens.

Or, toutes les personnes compétentes qui ont visité cette
Exposition, et qui ont étudié les différents échantillons
qu'elle contenait, sont arrivées à cette conclusion :

« Les cafés du Brésil présentent une *diversité, une variété*
que l'on ne rencontre dans aucun autre pays producteur ;
les meilleurs sortes, peuvent être *comparées aux qualités les
plus estimées des autres pays ;* il ne manque aux cafés brésiliens que quelques soins matériels d'ensachement pour
leur assurer sans conteste le premier rang. »

Voici en quels termes le *Jornal do Commercio*, de Rio,
résumait ses appréciations :

« Sauf le café de Moka, cultivé sur une zone tout à fait
limitée, et presque introuvable en Europe, les cafés étrangers
qui se trouvent exposés ne surpassent pas les produits brésiliens comme qualité. » (1) Nous pouvons ajouter ni comme
quantité.

L'exposition de 1882, qui s'est ouverte le 22 octobre,
contenait une variété de produits et d'échantillons supé-
rieure à celle qui avait été envoyée l'année précédente par
les mêmes provinces.

On y comptait plus de 1,500 sortes.

L'exposition a été close le 24 novembre. On a constaté
dans cette seconde exposition quelques perfectionnements
dans les méthodes d'ensacher.

A la suite de la première exposition de 1881, le *Centro da
Lavoura* s'est empressé de mettre à exécution la seconde
partie de son programme.

Il a décidé, qu'une partie des produits ayant figuré à

(1) Le café Moka a été découvert, dit-on, en 1285. Deux siècles
après, la culture des caféiers de cette espèce s'est développée à l'Yémen,
et elle s'étend aujourd'hui sur les versants des montagnes qui bordent
la vaste plaine de 220 kilomètres d'étendue le long de la mer Rouge, où
se trouvent les villes de Beih-el-Fakih et Moka.

La production annuelle de l'Yémen est estimée à 5 millions de kilogrammes. L'Egypte, la Syrie et Constantinople en consomment la plus
grande partie. Le vrai Moka n'arrive en Europe qu'en très petite quantité.

l'exposition de Rio-de-Janeiro serait envoyée à l'étranger, pour y être exhibés de nouveau.

Cette exposition internationale ambulante et nomade devait avoir lieu à Paris, Berlin, Vienne, Londres, New-York et Montréal.

Chacun des consuls établis dans ces capitales de l'Europe et de l'Amérique du Nord reçoit 200 sacs de 60 kilogs, afin d'organiser ces expositions dans son district consulaire.

C'est le consul du Brésil à Londres, M. Cardoso de Salles, qui a eu l'honneur d'inaugurer le premier, et en partie à ses frais, ces expositions partielles.

Dès'le mois d'avril 1882, il exposa au Palais-de-Cristal de Sydenham les produits de son pays.

L'inauguration a eu lieu avec un grand éclat, en présence de M. le baron de Penedo, ministre plénipotentiaire de S. M. l'empereur du Brésil, du personnel de la légion impériale et du consulat, et d'un grand nombre de notabilités, parmi lesquelles nous citerons MM. Frederick Youle, Joaquim Nabuco, Alcanforado, S. E. de Souza-Aranha, F. Werneck de Castro.

Le jour de l'ouverture, M. J.-L.-C. de Salles réunit à sa table, au Palais-de-Cristal, tous ses invités, et, au dessert, on échangea des toasts enthousiastes. Après le dîner, les hôtes du consul général prirent le café brésilien dans des tasses de Sèvres.

L'exposition occupait l'avenue centrale du Palais, de sorte que les nombreux visiteurs qui se rendent tous les jours à Sydenham pouvaient embrasser du premier coup d'œil cette riche et intéressante exhibition. Le soir, des flots de lumière électrique permettaient d'apprécier, comme le jour, la variété des cafés brésiliens.

On ne peut que louer le patriotisme clairvoyant de M. Salles, qui a installé si promptement cette exposition, mettant à profit tous les attraits qui peuvent attirer le regard du visiteur.

Les Anglais ont pu apprécier ainsi ce qu'est et ce que vaut le café brésilien.

Presque à la même époque, M. le chevalier J. Paranhos da Silva, consul général à Liverpool, informait son gouvernement, dans un rapport très-étendu et très-étudié, de l'état de la consommation du café dans la Grande-Bretagne.

En juin 1882, M. Salvador de Mendonça, consul du Brésil à New-York, installait une exposition de cafés dans la capitale des États-Unis, qui consomment une grande partie des provenances brésiliennes.

C'est à New-York, en effet, que se concentre maintenant la concurrence tout entière du café du Brésil, de l'Amérique centrale, du Vénézuéla, du Mexique, où une Compagnie américaine nouvellement formée, sous la direction de capitalistes et de négociants, commence déjà à exploiter d'énormes terrains plantés de caféiers, dans l'État de Colima. Il y a quelques années, c'était Baltimore qui avait presque le monopole des cafés du Brésil, lesquels sont encore ceux qui forment, jusqu'à présent, la plus grande partie de la consommation des État-Unis. Mais, depuis plusieurs années, l'importation de ces cafés s'est reportée et concentrée à New-York, comme cela s'est fait peu à peu pour tous les genres d'importations, lesquels sont répartis ensuite, des entrepôts de la métropole, sur tous les États-Unis, le Canada et même en Europe.

Dès le mois de mars 1882, M. S. de Mendonça fournissait aux principaux importateurs de café brésilien à New-York, les renseignements les plus précis sur la situation actuelle et future du principal produit agricole de son pays. Il arrêtait, de concert avec ces négociants, la création d'une Bourse de cafés.

La Bourse a été constituée par 112 importateurs et négo_ciants, qui ont choisi M. B.-C. Arnold pour président et M. John S. Wright pour vice-président. Le consul général du Brésil était naturellement un des premiers invités à la cérémonie d'inauguration, qui se passa très-brillamment, dans les bureaux de la nouvelle Bourse, situés au centre du quartier des affaires. On décida de ne s'occuper, dans le principe, que des cafés dits « Rio », et on ouvrit les opérations en affichant deux bulletins reçus par câble, de Rio de Janeiro, et indiquant l'état du marché dans la capitale brésilienne.

Au Canada, M. W. Darley Bentley ; à Trieste, M. le Baron de Morpurgo ; à Berlin, la Société Centrale de Géographie Commerciale ont organisé aussi des expositions de café brésilien très-réussies.

A Buenos-Ayres, pendant l'Exposition Continentale, le café brésilien a obtenu un plein succès et a mérité les plus hautes distinctions.

Paris, enfin, la capitale *du goût*, vient d'être appelée à apprécier les cafés du Brésil.

C'est M. Juvencio-Maciel da Rocha, attaché de légation et consul général du Brésil en France, qui a été chargé de procéder à l'exposition de 200 sacs d'échantillons que lui a expédiés le *Centro da Lavoura*.

Ces deux cents sacs renferment des cafés de diverses qualités, classés comme il suit dans le rapport publié dernièrement par le *Centro da Lavoura* : café supérieur de première qualité, 1 sac ; supérieur de seconde qualité, 3 sacs ; 1re bonne qualité, 11 sacs ; 1re bonne, un peu inférieure à la précédente, 9 sacs ; 1re bonne, inférieure à la précédente, 11 sacs ; 1re régulière n° 1, 30 sacs ; 1re régulière n° 2, 23 sacs 1re régulière n° 3, 27 sacs ; 1re ordinaire n° 1, 34 sacs ; 1re ordinaire n° 2, 19 sacs ; première ordinaire n° 3, 12 sacs ; 2e bonne qualité n° 1, 5 sacs ; 2e bonne qualité n° 2, 1 sac ;

2° bonne n° 3, 2 sacs; 2° ordinaire, 1 sac; café supérieur décortiqué, 3 sacs; d° régulier, 3 sacs; d° bon, 5 sacs.

Par les soins des honorables négociants de Paris et de Rio-de-Janeiro, MM. A. Leuba et Cie, ces 200 sacs de café ont été transportés gratuitement du Brésil au Havre par le steamer *Ville-de-Bahia*, de la Compagnie des Chargeurs Réunis. Sur la demande de M. le Chevalier A. d'Araujo, chargé d'affaires du Brésil près le gouvernement de la République Française, le gouvernement français a permis que le café destiné à l'Exposition entrât en franchise, sauf à acquitter les droits s'il était consommé en France. De même, le gouvernement français a mis gracieusement à la disposition du Consulat, sur la prière de M. le Chevalier A. d'Araujo, les salons du premier étage du Palais de l'Industrie, pendant la durée du Concours agricole du mois de janvier 1883.

Nous espérons que cette première Exposition de café brésilien, à Paris, contribuera plus que toute autre à l'appréciation et à la diffusion de cet excellent produit.

Nous serions heureux de voir les importateurs français se porter de préférence sur le café brésilien, qui par sa qualité, et la modicité relative de ses prix, peut mieux que ses concurrents satisfaire à la consommation des gourmets les plus exigeants.

Si, en outre, cette Exposition modeste avait pour résultat de créer dans Paris quelques établissements de dégustation, et de décider nos législateurs à alléger les droits qui pèsent sur cette denrée, nous aurions la conscience d'avoir accompli une œuvre véritablement utile aux deux pays latins, qui ne doivent pas seulement vivre d'amitié, mais de bon café!..

Paris — Imp. A-H. Bécus, 112, boulevard de Vaugirard.